U0063750

新雅小百科

蔬菜水果

新雅文化事業有限公司
www.sunya.com.hk

使用說明

《新雅小百科系列》

本系列精選孩子生活中常見事物，例如：動物、地球、交通工具、社區設施、蔬菜水果、昆蟲等等，以圖鑑方式呈現，滿足孩子的好奇心。每冊收錄約50個不同類別的主題，以簡潔的文字解說，配以活潑生動的照片，把地球上千奇百趣的事物活現眼前！藉此啟發孩子增加認知、幫助他們理解世上各種事物的運作，培養學習各種知識的興趣。快來跟孩子一起翻開本小百科系列，帶領孩子走進知識的大門吧！

1. 認識不同類別蔬菜和水果的分類。
3. 通過真實照片，吸引孩子多探索不同類型的蔬菜和水果，培養孩子建立健康的飲食習慣。

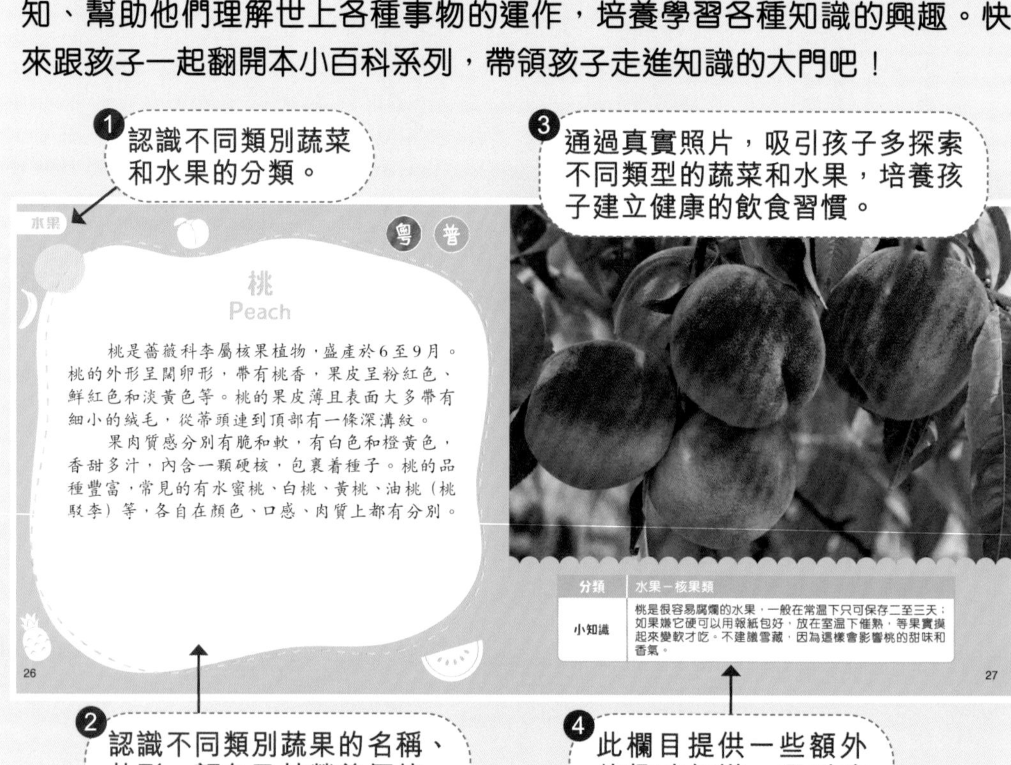

2. 認識不同類別蔬果的名稱、外形、顏色及其營養價值，建立孩子進食蔬果的興趣。
4. 此欄目提供一些額外的趣味知識，吸引孩子的學習興趣。

新雅・點讀樂園 使用新雅點讀筆，讓學習變得更有趣！

本系列屬「新雅點讀樂園」產品之一，備有點讀功能，孩子如使用新雅點讀筆，也可以自己隨時隨地聆聽粵語和普通話的發音，提升認知能力！

啟動點讀筆後，請點選封面 新雅・點讀樂園，然後點選書本上的文字或照片，點讀筆便會播放相應的內容。如想切換播放的語言，請點選 粵 普 圖示。當再次點選內頁時，點讀筆便會使用所選的語言播放點選的內容。

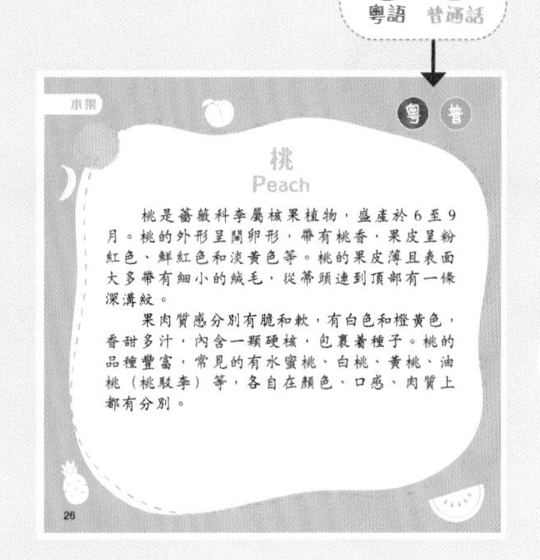

水果

粵 普

桃
Peach

桃是薔薇科李屬核果植物，盛產於6至9月。桃的外形呈闊卵形，帶有桃香，果皮呈粉紅色、鮮紅色和淡黃色等。桃的果皮薄且表面大多帶有細小的絨毛，從蒂頭連到頂部有一條深溝紋。

果肉質感分別有脆和軟，有白色和橙黃色，香甜多汁，內含一顆硬核，包裹着種子。桃的品種豐富，常見的有水蜜桃、白桃、黃桃、油桃（桃駁李）等，各自在顏色、口感、肉質上都有分別。

26

如何下載本系列的點讀筆檔案

1. 瀏覽新雅網頁(www.sunya.com.hk) 或掃描右邊的QR code 進入 新雅・點讀樂園 。

2. 點選 下載點讀筆檔案 ▶ 。
3. 依照下載區的步驟說明，點選及下載《新雅小百科系列》的點讀筆檔案至電腦，並複製至新雅點讀筆裏的「BOOKS」資料夾內。

目錄

根莖類蔬菜

葉菜類、花菜類、菇菌類

水果 Fruits

粵 普

小朋友，你知道水果是什麼嗎？水果是指給我們食用的植物果實，水果通常是生長在樹上、地上的，也有的長在藤蔓上，例如漿果類。水果普遍多汁，含有果糖和果酸，有些味道甜美，有些帶酸味或其他味道。水果的種類包羅萬有，大小不一，果皮五顏六色；營養豐富，含維他命、礦物質、膳食纖維等，適量進食新鮮水果，有助提高免疫力。我們就由現在開始培養每天進食水果的習慣吧！

蘋果
Apple

蘋果是蘋果樹的果實，它的營養豐富，含有多種維他命、礦物質和纖維，是我們最常食用的水果之一，因此有「每日一蘋果，醫生遠離我」這一句諺語。

蘋果的顏色鮮豔，外皮光滑亮麗，一般呈紅色，亦有青綠色、金黃色等，視乎品種各異，常見的蘋果品種有富士、加拿、艾菲等。蘋果的果皮有天然的果蠟，果肉為食用部分，果肉的中心為芯部，內藏果核。

分類	水果－梨果類 
小知識	蘋果的果皮那一層果蠟，是它的分泌物，以減少水分流失。有果商為延長蘋果的保質期，會額外噴灑蠟塗層。蠟塗層分兩種：認可食用的人工果蠟，和含有害物質的工業蠟。因此，食用前，務必用清水洗乾淨果皮。

梨
Pear

梨為薔薇科梨屬喬木植物。果實呈卵形或球形，果皮一般光滑，顏色有淡黃色、綠色或褐色等，按品種而有所不同。果肉爽脆多汁，奉為滋潤恩物，生津潤燥。

梨的品種繁多，雪梨、鴨梨、水晶梨等較常見。雪梨和鴨梨的外形相似，雪梨較圓渾，梨椗長；鴨梨蒂部隆起似鴨頭，果身上窄下闊。水晶梨的形狀呈圓球形，果皮淡黃綠色，有少量斑點，梨椗粗和短。

分類	水果－梨果類 
小知識	梨皮的食療價值更勝梨肉。梨的果肉含有水溶性纖維，不同品種都是相若，反而梨皮所含的非水溶性纖維就以梨皮厚薄來定。因此，厚皮的啤梨會比薄皮的雪梨和水晶梨較高纖維。

橙
Orange

橙又名「柳丁」，含有豐富維他命C和膳食纖維，有助傷口癒合、預防便秘，以及提升免疫力。橙的外形呈球體，果皮為橙黃色，外皮厚軟、粗糙；橙的味道甘甜多汁，果肉呈瓣狀，多數呈橙色或深紅色，因品種而異，如冰糖橙、臍橙、血橙等。

橙和西柚都是柑橘類水果。而西柚的外形與橙很相似，它是由橙和柚子混合種植而成的。西柚外形為圓形或扁圓形，果皮不易剝削，果肉呈紅色，一般略帶苦味。

分類	水果－柑橘類 
小知識	橙是有公母之分的。橙的底部為果臍（肚臍），肚臍較小是公，肚臍較大是母。由於「母橙」生有「子橙」，即橙內包裹的一塊果肉，它會吸收橙的營養，從而降低糖分，因此「公橙」一般較甜。

檸檬
Lemon

檸檬是人們日常食用的水果之一，它含有豐富的維他命 C、檸檬酸等營養，有助保護心血管健康。檸檬清新的酸味，常被人用來製作各式飲料、甜品和菜餚。

除了黃色的檸檬，還有一種果實較小的檸檬叫青檸。分辨時，不單靠外皮顏色，還看有沒有籽，有籽便是檸檬。檸檬的果實為橢圓形，果皮粗厚，果肉呈淺黃色，味酸多汁。而青檸的果實則較小，從掛果到成熟都是青色的，果皮較薄且光滑；果肉呈黃綠色，酸味較淡。

分類	水果－柑橘類 
小知識	飲用檸檬水具美白、防腎結石之效，但檸檬水中的酸性物質會讓牙齒變黃、腐蝕琺瑯質。因此，喝檸檬水時應避免太用力搗檸檬，可以用吸管喝。進食了酸性食物或飲料後，我們可以漱漱口，以降低對牙齒的傷害。

西瓜
Watermelon

西瓜為葫蘆科西瓜屬，是一種雙子葉開花植物，生長像蔓藤，葉子呈羽毛狀。西瓜的形狀有球形或橢圓形，頂部的瓜蒂彎曲，底部的瓜臍如圓點。果皮在成熟時形成堅硬的外殼，為綠色或黃色，有深綠色瓜紋。

西瓜的品種眾多，如「黑美人168」、「麒麟」、「玉蘭」等；可分為有籽或無籽，果肉鮮紅或淡黃，視品種而定。由於含水量高，西瓜亦稱「水瓜」，爽甜多汁，是最佳的消暑水果。

分類	水果－瓜果類
小知識	西瓜的果肉和瓜皮都有營養。紅肉西瓜富含維他命A、β-胡蘿蔔素，可以保護眼睛；黃肉西瓜的瓜氨酸有助人體血管放鬆，熱量較紅肉的低。而西瓜皮的白色果肉也富含瓜氨酸，可降血壓。

葡萄
Grape

葡萄，又稱「提子」，是葡萄屬藤本植物的果實，屬於漿果類水果。它通常是圓形或橢圓形，外皮光滑，果肉多汁；外皮顏色有綠色、紅色、紫色或黑色等。營養價值各有不同，如紅葡萄含豐富花青素、葡萄皮含白藜蘆醇，這些都是天然抗氧化劑。

目前世界上有超過一萬個葡萄品種，常見的包括巨峰、香印、紅寶石、月亮葡萄等，各有風味。葡萄適用於榨果汁、製作葡萄乾、果醬、葡萄籽油，以及釀製葡萄酒等。

分類	水果－漿果類
小知識	吃葡萄前宜簡單沖水，不要浸水，因為葡萄怕水，浸水會令外皮變軟，加快壞掉。清洗時，不用刻意洗走葡萄表皮上的白色粉末，那是天然的果粉，扮演葡萄的角質層，具保護果實的作用。

草莓
Strawberry

草莓，又稱「士多啤梨」，是薔薇科草莓屬多年生草本植物。小小一顆便含有維他命 C、葉酸、鉀、花青素等營養。

草莓形狀猶如一個心形，薄薄的果皮有光澤，一般呈鮮紅色或淡紅色，質地柔嫩，果肉細小，酸甜多汁。草莓頂部的蒂頭（葉冠）是它的花托，用來保護果實，而表面布滿密密麻麻猶如芝麻的顆粒就是草莓的果實。每年 11 月到翌年 4 月為草莓的盛產期。

分類	水果－漿果類
小知識	大部分水果都是由子房發育而成，但草莓卻是由花托發育而成的，換言之，我們平常食用的草莓果肉，其實是花托在傳播花粉後變大的部分。草莓真正的果實反而是它表面的眾多小顆粒。

奇異果
Kiwifruit

奇異果，又稱「獼猴桃」，是獼猴桃屬木質攀緣植物的漿果。果型為橢圓形、小巧，蘊藏豐富的鉀質、維他命A、C、E、K、奇異果酵素、膳食纖維、葉酸等營養。

果皮薄透帶有絨毛，顏色為暗綠色或棕色，果肉飽滿多汁，內有黑色小種籽。奇異果品種不少，常見的綠色奇異果，果肉呈鮮綠色，味道甜中帶酸；黃金奇異果的果肉為黃色，外形渾圓；新品種的紅寶石奇異果，果肉呈粉紅色，帶莓果甜味。

分類	水果－漿果類
小知識	奇異果原產於中國，但現時市場售賣的大都來自紐西蘭，紐西蘭奇異果公司還以紐西蘭的國鳥——奇異鳥（Kiwi bird）命名。該公司每年更會進行奇異果果籽配搭培植，黃金奇異果就花了 14 年才培植成功。

荔枝
Lychee

　　荔枝和龍眼的外形相似，兩者同屬無患子科植物，都是華南四大珍果之一。它們的果實均為球狀，果皮較薄，粗糙帶紋理或有凸起的小瘤，果肉晶瑩剔透，爽脆多汁，包裹着一顆硬果核，當造期為每年 7 至 8 月。

　　荔枝又名「離枝」，外皮一般紅中帶綠；常見品種有桂味、妃子笑，而糯米糍是著名的上佳品種，廣受歡迎。龍眼亦稱「桂圓」，外皮呈褐色；成熟時，外皮易剝開，露出果肉。

分類	水果－核果類
小知識	荔枝性質燥熱，吃得多容易上火、生口瘡、喉嚨痛等，因此有「一粒荔枝三把火」之說。有趣的是，原來荔枝「自備解藥」，根據《本草綱目》記載，它的殼具有藥用價值。荔枝殼經過清洗、炒乾後，可以用來煮水喝，具有清熱解毒的功效。

桃
Peach

桃是薔薇科李屬核果植物，盛產於6至9月。桃的外形呈闊卵形，帶有桃香，果皮呈粉紅色、鮮紅色和淡黃色等。桃的果皮薄且表面大多帶有細小的絨毛，從蒂頭連到頂部有一條深溝紋。

果肉質感分別有脆和軟，有白色和橙黃色，香甜多汁，內含一顆硬核，包裹着種子。桃的品種豐富，常見的有水蜜桃、白桃、黃桃、油桃（桃駁李）等，各自在顏色、口感、肉質上都有分別。

分類	水果－核果類
小知識	桃是很容易腐爛的水果，一般在常溫下只可保存二至三天；如果嫌它硬可以用報紙包好，放在室溫下催熟，等果實摸起來變軟才吃。不建議雪藏，因為這樣會影響桃的甜味和香氣。

牛油果
Avocado

牛油果，又名酪梨，是一種植於墨西哥、南美和中美洲的樟科樹的果實。牛油果呈橢圓形、圓形或啤梨形，外皮普遍粗糙或有顆粒，顏色從深綠色到褐色不等；果肉質感綿密，跟牛油相似，顏色為淡黃色或淡綠色；果肉中間有一顆大而硬的果核為種子。

牛油果是單元不飽和脂肪的極佳來源，那是一種有益心臟健康的脂肪酸，故被譽為「超級食物」。

分類	水果－核果類
小知識	成熟的牛油果切開後，果肉很快便會變黑，這是因為牛油果和空氣中的氧氣接觸，繼而有氧化反應，並產生茶色的色素。要避免牛油果氧化，我們可以把果肉搽上檸檬汁或橄欖油。

木瓜
Papaya

　　木瓜是一種熱帶水果，屬灌木或小喬木。木瓜密集生於樹幹莖上部，外觀為橢圓形或圓形，切開呈瓤形。外皮如青綠色為未成熟，橙黃色代表已成熟，木瓜從生到熟都可食用的。木瓜成熟時，果肉橙紅色，肉厚香甜，質地柔軟，內壁生有許多黑色小籽。

　　木瓜營養豐富，有「萬壽果」之稱，因它富含木瓜酵素、β 胡蘿蔔素、茄紅素、維他命A、C等營養素，含有大量的抗氧化成分，有效預防心血管疾病，有助抗衰老，以及減緩發炎症狀。

分類	水果－熱帶水果
小知識	由於木瓜籽帶有苦味，較難入口，我們吃木瓜習慣把木瓜裏的籽挖掉。其實木瓜籽含有多酚、類黃酮等抗氧化物，還有消滅寄生蟲的藥效。但生的木瓜籽多少帶有毒性，煮熟的才適合食用。

香蕉
Banana

香蕉是生長於熱帶及亞熱帶地區的水果。它的果實一束束的生長在樹上，形狀如彎彎的月亮，果皮由未熟的青色，變成熟後的黃色，熟透時帶黑色斑點。香蕉的果肉為黃白色，味道香甜，質感鬆軟。大部分香蕉如牛奶蕉、皇帝蕉等的果皮呈黃色，但紅皮蕉卻是紅色的。

香蕉含有豐富的鉀質和膳食纖維，可促進腸蠕動，其營養特點是含色氨酸，有助大腦製造血清素（血清素可令人愉悅），故它亦稱「快樂水果」。

分類	水果－熱帶水果
小知識	香蕉熟度可從香蕉白絲來判斷。如香蕉未成熟，白絲會黏着蕉身；如香蕉熟透，白絲則易脫落。其實，香蕉白絲好比人體的血管，負責運送食物，因此香蕉白絲的營養比蕉身還要高。

菠蘿
Pineapple

菠蘿又名「鳳梨」，是來自南美洲的熱帶水果，有很多不同的品種。菠蘿生長在地上，頂部生有莖，繼而長成圓桶狀的果實，這就是外型獨特的菠蘿。

菠蘿外皮粗糙如鱗片，顏色由青到黃、釘子（果眼）有大有細，香氣濃郁，這些可反映其成熟度和鮮甜指數。菠蘿一端綠色的如葉子其實是種子，屬尾部；另一端黃色的果肉卻是頂部。果肉核心為芯部，含有豐富的膳食纖維，有助保持腸道暢通。

分類	水果－熱帶水果
小知識	菠蘿含有一種能分解蛋白質的菠蘿酶對我們口腔黏膜和嘴唇表皮有刺痛感。在食用前，建議把菠蘿切片，用冷鹽水浸泡，然後用清水洗去鹹味，以減輕過敏物質，菠蘿會顯得更甜美。

火龍果
Dragon Fruit

火龍果是一種仙人掌科三角柱屬植物的果實，原產於墨西哥和中美洲等熱帶地區，盛產期為每年 6 至 11 月。

火龍果外觀顏色鮮豔，呈橢圓形或圓球形，帶有葉萼；果皮光滑，表面帶有鱗片，有紅色和黃色（又名麒麟果）；果肉一般分紅肉和白肉兩種，飽滿多汁，布滿黑色種子，纖維豐富，能促進腸胃蠕動，幫助排便。火龍果富含維他命 C、類胡蘿蔔素、益生元和抗氧化劑等，有助提升免疫力。

分類	水果－熱帶水果
小知識	紅肉火龍果含有天然紅色素，這物質具有水溶性特點，不能完全被腸胃消化；進食後會隨着大小便排出體外，令排泄物的色調出現「發紅」，但這是正常的，一般二至三天後便回復正常。

石榴
Pomegranate

石榴呈圓形，果皮厚，從淡紅色到鮮紅色不等，頂端有一個像后冠的根莖；主要食用內裏一顆顆甜中帶酸的籽粒。石榴又名「紅石榴」，為石榴屬溫帶水果，含豐富抗氧化物。

石榴和番石榴是兩種不同的水果。番石榴又稱「芭樂」，屬於熱帶水果，熱量低，富含維他命C，遠比檸檬和奇異果還要多。番石榴像梨子，青綠色外表，具有獨特香味，果肉分白肉和紅肉，爽脆香甜。

分類	水果－熱帶水果
小知識	石榴的果實內充滿許多晶瑩剔透的果籽，籽粒含維他命 E 及礦物質，亦有各種抗氧化多酚，連籽吃才能吸收最多營養素。此外，由於營養素容易在榨汁過程流失，直接食果肉比飲石榴汁更健康。

芒果
Mango

芒果是芒果樹的果實，屬漆樹科常綠喬木，原產於印度，其後傳到菲律賓、泰國、中國等地。芒果形態呈橢圓形、扁平長方形或「S」形不等，大小不一；果皮有綠色、淡黃色、橙黃或深紅色等；果肉呈橙黃色或鮮黃色，柔軟多汁，纖維狀肉質；果核被果肉包裹於中央。

芒果品種眾多，常見有呂宋芒、愛文芒、泰國芒、印度芒等。選購時，以果粒飽滿、果色鮮豔，外皮無黑點，散發陣陣香氣為佳。

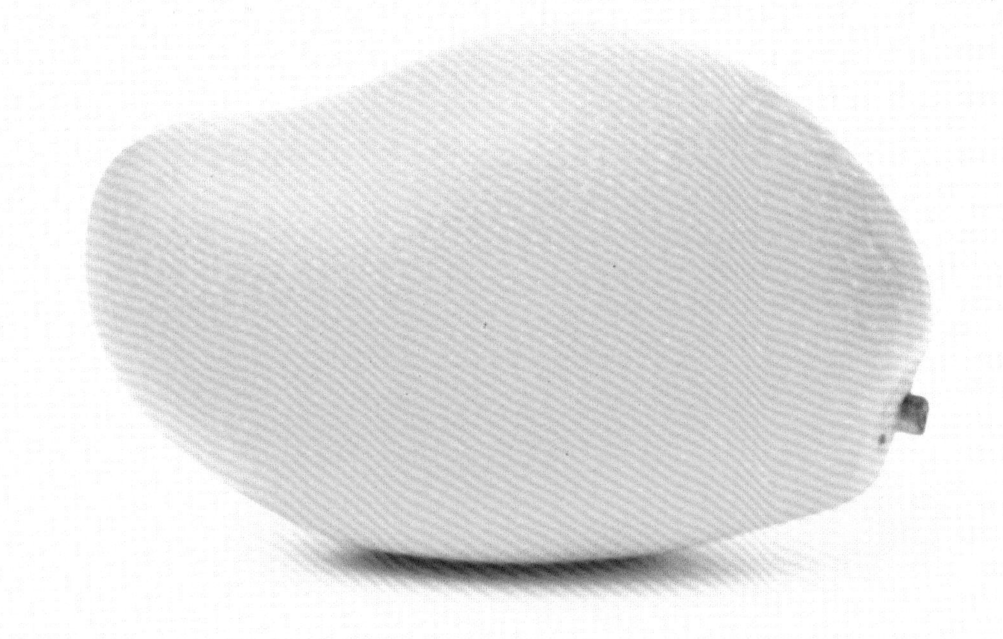

分類	水果－熱帶水果
小知識	芒果的表皮含有一種叫漆酚的物質，容易讓人的皮膚出現紅腫、搔癢或小水泡等皮膚過敏反應，需花上數天才能紓緩。建議切芒果前先戴上手套，然後清洗芒果，避免誘發皮膚過敏。

榴槤
Durian

榴槤被譽為「水果之王」，是一種長於樹上的熱帶水果，原產於馬來西亞和泰國等東南亞國家，樹高可達45米。果實碩大如足球，帶有濃烈的氣味，果皮（榴槤殼）堅實並長滿尖刺；內瓣含有果肉，果肉呈黃色，味道濃郁，口感軟滑；果肉中藏有硬核。常見的品種包括金枕頭、貓山王和黑刺等，每個品種在外觀、氣味和口感上略有差異。榴槤殼的顏色一般會因其成熟程度而由綠褐色變成黃褐色，而深黃帶點灰的榴槤殼則來自高山老樹。榴槤樹越老，種出來的榴槤味便越甘。

分類	水果－熱帶水果
小知識	榴槤具有強烈且獨特的氣味，有些人認為它是美味的水果，但對於有些人來說卻是刺鼻的、難以忍受。鑑於它的氣味散播力強，久久不散，有些地方會禁止人們攜帶榴槤乘搭公共交通工具，或是在車廂上食用它，以免影響他人。

山竹
Mangosteen

山竹有「熱帶果后」之稱，屬藤黃科植物，盛產於東南亞國家，是夏天常見水果之一。山竹一般從培植樹苗到樹木能結果收成的過程需時約十年。

山竹主要分油竹、麻竹和沙竹三類。山竹的果形圓潤，有一層厚而堅硬，呈紫黑色或暗紅色的果殼，打開後會看到一瓣瓣雪白色、蒜瓣狀、味甜多汁的果肉。山竹頂部有葉子狀的果蒂，底部則有一個花瓣型的花托，通常呈綠色或淺黃色。

分類	水果－熱帶水果
小知識	山竹果殼呈紫黑色，味道較甜；紫紅色的則會酸一點。若用大拇指輕壓果殼，微軟有彈性為佳，果蒂顏色越綠便越新鮮。此外，底部花瓣數等於果肉數量，果肉多的山竹花瓣數會有六至八瓣。

番茄
Tomato

番茄是茄科茄屬的一種開花植物，原產於南美洲。番茄的生長形態為一串串，花序多梗。番茄的莖部軟弱，相當於藤蔓，人們在栽培番茄時，大多加上掛枝條讓番茄苗攀附生長。

番茄的品種繁多，果實有大有小，分大形、中形和小形；常見的包括圓形、長橢圓形、梨形和葡萄形等；果皮薄薄，光滑且有光澤，顏色普遍鮮紅亮麗，也有黃、橙、綠、紫等；果肉飽滿多汁，纖維豐富；番茄頂部的果蒂小而硬；果腔包含種子，位於果肉的中心。

分類	水果－漿果類
小知識	人們一般認為大番茄屬於蔬菜，小番茄則屬於水果，主要是因為大番茄甜度較低，經常用作烹調各種料理的食材；而小番茄則甜度較高，較常當作水果直接食用。但其實，番茄是從花的子房孕育出來的果實，內裏有種子，從植物學的角度看，番茄屬於水果。

瓜果、豆類蔬菜
Squashes and Beans

粵　普

　　小朋友，考考你，沒有綠葉的植物可稱為蔬菜嗎？答案是可以的。瓜果類和豆類也是蔬菜之一，於春夏季當造。瓜果的食用部分是植物的果實，豆類可食的當然是那一顆顆的豆豆。比起綠葉蔬菜，瓜果類的營養價值也不少，如冬瓜、青瓜含有大量水分，熱量相對較低；部分同樣含有豐富的維他命 C 及胡蘿蔔素，如南瓜。豆類蔬菜則富含蛋白質和纖維，如豌豆。

粵

冬瓜
Winter Melon

冬瓜又名「白瓜」，為葫蘆科冬瓜屬，是夏季常見的一種蔬菜，原產於中國及東印度，每年 5 至 10 月是當造季節。

冬瓜果實碩大，外表光滑，長圓柱狀或球狀；冬瓜皮厚呈深綠色，表面有絨毛和白粉；果肉雪白，口感清爽，味道清淡，富含水分，瓜瓤裏的種子扁平。冬瓜超過九成的重量來自水分，含水量居眾蔬菜之冠，高達 96%，既為人體補充水分，亦能利尿，避免水腫。

分類	蔬菜－瓜果類 
小知識	冬瓜成熟時，表皮會有一層白色粉末，就像冬天的白霜，故有「白瓜」之名，而未成熟的冬瓜表面有毛，因而稱為「毛瓜」；冬瓜上的這層蠟質白霜，有助減少水分流失，有利保鮮。

青瓜
Cucumber

青瓜又稱「黃瓜」、「胡瓜」，為葫蘆科青瓜屬的果實，原產北印度，每年4至8月最為當造。青瓜普遍長身呈棒形，頭尾粗細均勻；綠色的果皮有小刺突起；淡綠色果肉，質地脆嫩。

青瓜有很多品種，包括刺青瓜，多用來製作成漢堡包裏的酸瓜；大青瓜，瓜皮厚，宜炒食；日本溫室青瓜的體形較小，多用作生吃。青瓜含水量高、零脂肪、低卡路里，也可補充膳食纖維。

分類	蔬菜－瓜果類 
小知識	青瓜常用作生吃，但生青瓜含維他命 C 分解酶，它與其他蔬菜共吃時，會減少食物中維他命 C 被人體吸收的量。生吃前，可用熱水燙過或加點醋，以抑制其分解酶，避免營養流失。

粵 普

南瓜
Pumpkin

南瓜屬葫蘆科的瓜類植物，盛產於秋冬季，產地主要在中、南美洲，後傳入歐洲、亞洲等。南瓜營養豐富，含有多種礦物質、維他命及豐富纖維。

南瓜的品種繁多，外形由扁方圓至長形不等，瓜皮厚實，越硬代表越熟及甜度高，顏色大多是橙黃或深綠；橙黃色的果肉內藏有種子；頂部連着瓜蒂。不同地區所產的大小和質感各有分別，如長形的中國南瓜水分高而熱量低、日本南瓜口感較粉，熱量卻高近一倍。

分類	蔬菜－瓜果類 
小知識	食用南瓜最好整個吃，避免去皮及丟掉內藏的南瓜籽，因為它們的營養比果肉更豐富。南瓜籽又稱「白瓜籽」，富含微量元素鋅，有助護眼；連南瓜皮吃則保留更多膳食纖維，促進腸胃健康。

苦瓜
Bitter Melon

苦瓜又名「涼瓜」、「半生瓜」，是葫蘆科的亞熱帶攀藤植物。苦瓜普遍淺綠色，外觀修長，果皮布滿細瘤。果實內部是白色的纖維狀瓜瓤和瓜籽，苦瓜的肉瓤和籽就是苦味的來源，可以把它們刮走，降低苦味。苦瓜營養豐富，所含的維他命 C 更是瓜類之冠。

苦瓜的品種繁多，形狀多樣，顏色越深色味道越苦。常見為青皮苦瓜，瓜身纖長；白玉苦瓜肉質爽脆多汁，苦味最輕；「雷公鑿」，外形渾圓，苦味最重，表皮有瘤狀瓜釘。

分類	蔬菜－瓜果類 
小知識	苦瓜因味道苦而得名，但其實常吃的苦瓜都是未成熟的果子。成熟的苦瓜，果皮變成黃色，吃起來沒有苦味，卻是甜的。由於成熟後的苦瓜所含的營養已大大減少，所以市場賣的都是未熟的。

茄子
Eggplant

茄子又名「矮瓜」，屬於茄科草本植物，原產於印度、東南亞一帶。茄子一般是頭小尾大，有橢圓形、長條形、梨形等。茄子的頂部連着花托狀的小葉子；外皮多呈紫色、黑色，也有綠色和白色；表面具光澤或帶有細小縱紋。果肉呈白色，口感細嫩。

茄子有很多品種，例如水茄子、胭脂茄、圓茄等，形狀和大小均有差異。茄子蘊含多種維他命，營養價值高。

分類	蔬菜－瓜果類 
小知識	茄子肉含有單寧，接觸到空氣便會氧化，時間越長，顏色越瘀黑。茄子外皮含有花青素，也易受溫度或酸鹼度而變褐。要減緩茄子氧化，可在切開後塗上少量食油，隔絕茄子與空氣的接觸。

粟米
Corn

粟米又稱「玉米」，是禾本科玉米屬草本種子植物，原產於南美洲。粟米的生長形態是往下生的，雄花在頂部，雌花在下，而一棵粟米可以長出兩至三條粟米。

粟米生長時被青色的葉子（粟米皮）及粟米鬚包裹，裏面的顆粒飽滿，又小又圓，味道香甜，通常是黃色的，也有其他品種，如紫色、白色、雙色等。粟米含葉黃素和玉米黃素，可維持眼睛健康。

分類	蔬菜－瓜果類
小知識	粟米芯的口感似筍，又名「珍珠筍」，它其實是粟米的嫩株。為了讓養分集中在同一棵粟米上，農夫會摘走之後生的第二或三條粟米，只留一條，而被移除的正是未成形的小粟米。

栗子
Chestnut

栗子又稱「板栗」，為殼斗科栗屬，是栗樹的果實。栗子通常被尖刺狀的堅硬外殼（果皮）包圍，一般呈棕色或深褐色。剝開外殼，還會看到一層內皮，稱為種皮，味道較苦，裹着金黃色、呈橢圓形的果實；果肉口感綿密，甜潤香口。

栗子富含碳水化合物、蛋白質、膳食纖維、多種維他命等，能健胃整腸，還可控制血壓、抗氧化，有「乾果之王」的稱號。

分類	蔬菜－瓜果類 
小知識	栗子營養成分豐富，人們多用來烹調各種菜餚和甜品。但是，由於栗子的熱量和醣量偏高，12 顆栗子的熱量等於一碗白飯。食用時，我們要注意攝取量，不要進食過多栗子。

豌豆
Green pea

豆類蔬菜富含蛋白質和纖維，種類繁多，例如荷蘭豆、甜豆、四季豆、毛豆、青豆角等等。這些豆菜有圓莢和扁莢，常被統稱為豌豆或青豆。

這些豆類蔬菜都是綠色的豆莢包裹着豆仁，而市面上的急凍三色蔬菜中的青豆，就是指除去豆莢的豌豆。豌豆的外殼和內裏種子都是翠綠色的，一般作烹調食材，口感軟糯。它富含氨基酸，膳食纖維比不少蔬菜還高。

分類	蔬菜－豆類
小知識	為了抵禦昆蟲和捕食者的威脅，有不少植物會產生天然毒素。在食用豆類蔬菜時，我們要注意必須把豆類浸透及徹底以高溫煮熟，以避免引起食物中毒的情況，包括嘔吐、腹瀉或腹痛等症狀。

甜椒
Bell Pepper

甜椒，又稱「燈籠椒」、「三色椒」，為茄科辣椒屬的一個變種，原產於中南美洲，每年 11 月至翌年 4 月為盛產期。

甜椒的外形像燈籠，表皮光滑，果肉厚；果色鮮豔，一般有青、黃、紅這三種顏色。甜椒在未成熟時呈綠色，味道較苦澀；待果實漸熟，會慢慢變成黃、橙色；紅色是熟透的，味道較甜。選擇甜椒時，以果實飽滿，頂部蒂頭新鮮的為佳。

分類	蔬菜－漿果類 
小知識	別以為青椒、黃椒、紅椒的顏色不同，品種就不一樣，其實它們同屬「辣椒家族」。辣椒具有辣味，外形長身，辣度各有不同；而甜椒則呈圓狀，不具辣味及帶有甜味，是經過人工選育培植的變種辣椒。

秋葵
Okra

秋葵又叫「毛茄」、「羊角豆」，屬草本植物，原產於非洲或熱帶亞洲，每年 5 月至 9 月是盛產季。秋葵富含蛋白質和維他命 C、高纖低脂，可謂「超級食物」。

秋葵形狀修長，尾端尖細，果莢有萼片，分五角形和圓形，短而飽滿；其表皮毛茸茸的，有短小絨毛；肉質爽脆，內藏種子及有黏液。顏色主要有綠和紅，兩者味道一樣，紅秋葵的顏色來自花青素，具抗氧化功效，煮熟後會變綠色。

分類	蔬菜－漿果類 
小知識	秋葵那「滑潺潺」的黏液，並非人人能接受，但其實這黏液十分有益；因為它可附在胃黏膜上保護胃壁，促進胃液分泌，改善消化不良等症狀，所以烹調秋葵時最好原條煮，免黏液流失。

根莖類蔬菜
Roots and Stems

　　有些小朋友有偏食的問題，只要是綠色的葉菜便不吃，這時候可怎樣攝取膳食纖維呢？除了水果和綠葉，根莖類蔬菜也是纖維的來源，同時含有澱粉質。顧名思義，根莖類蔬菜是指植物的根、莖、球莖或根莖部分可供食用的蔬菜，外皮有較多的營養素；它們通常生長於土壤中。常見的包括紅蘿蔔、馬鈴薯、番薯、紅菜頭、大蒜等。

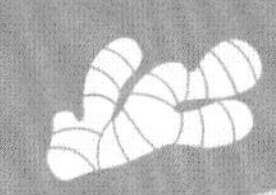

紅蘿蔔
Carrot

紅蘿蔔又稱「胡蘿蔔」、「甘筍」，是繖形花科的胡蘿蔔屬植物，主要食用呈肉質的根部。

紅蘿蔔的形狀為長圓錐狀，橙或橙紅是最常見的顏色，切開見圓形，中間是溏心。按產地可分兩品種，中國品種的形狀粗壯肥大，表面有泥土，纖維粗及容易煮爛，適宜煮湯；而澳洲、美國的西方品種形狀較幼細，表面光滑，口感清爽，食法多樣化，可用來榨汁或做沙律。

分類	蔬菜－根莖類 
小知識	紅蘿蔔含豐富的胡蘿蔔素，適量攝取能護眼，改善視力；若身體積聚過多胡蘿蔔素，就有機會患上「胡蘿蔔素血症」。此症對人體無害，但會令皮膚變黃色，故每次不宜吃過多。

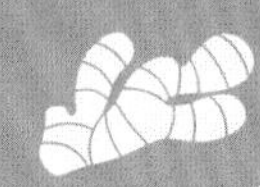

粵 普

馬鈴薯
Potato

馬鈴薯即是「薯仔」，是茄科茄屬的植物，原產於南美洲。馬鈴薯的食用部分是生於地下的塊莖，外形呈球狀、扁圓或橢圓；表面有凹陷的小孔，是發芽的地方。外皮有多種顏色，如棕色、黄色、粉紅色、紫色等，因產地而不同；內部是富含澱粉質的肉質。馬鈴薯可分「粉質」和「蠟質」，粉質的水分少，口感鬆散；蠟質的水分較多，久煮不散，澱粉質較少。

分類	蔬菜－根莖類 
小知識	馬鈴薯外皮變青色，發了芽就不能食用，因為馬鈴薯發芽時會產生「茄鹼毒素」，吃後會引致嘔吐、肚痛等；這種茄鹼可避免馬鈴薯發芽後被其他生物吃掉，可謂它天生的保護機制。

洋葱
Onion

洋葱是一種葱科葱屬的植物，原產中亞地區，盛產於 10 至 12 月。外貌為球形，表面有蠟質及呈白、黃或紫色的薄皮；外皮包着一層層的鱗葉，生吃或熟食均可。洋葱含有大蒜素，故有獨特的刺激味道。

洋葱品種可按外皮顏色區分，白洋葱辣味少，水分和甜度皆高；黃洋葱辣味濃，水分較多；紫洋葱辛辣中和，花青素含量高，抗氧化能力佳。

分類	蔬菜－根莖類 
小知識	切洋葱時，被破壞的組織會釋放出一種帶有刺激性的揮發物，叫「蒜氨酸酶」。這種物質會刺激眼睛，令眼睛感到刺痛和流淚。想減少「催淚」的情況，可以先將洋葱放入雪櫃降溫，減少酸酶的釋放。

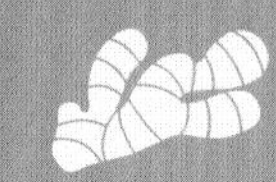

芋頭
Taro

芋頭是一種球莖類植物，屬天南星科，原產於印度，秋冬季當造。芋頭的根莖通常是飽滿的橢圓形，外皮粗糙，呈褐色，另有小鬚根；白色果肉帶有紫紋，口感綿密，多粉質。

芋頭分為「母芋」和「子芋」兩種，前者是母株的主球莖，形狀較大，飽滿發達，肉質細膩；後者形狀較嬌小，是旁邊數顆球莖，形狀細小，口感黏質。芋頭中的抗性澱粉很有益，有助控制血糖。

分類	蔬菜－根莖類 
小知識	香芋與芋頭是兩種不同的植物。香芋是薯蕷屬，似馬鈴薯類，肉呈紫色，即香芋雪糕所用的材料。香芋體積比芋頭細，形狀偏圓，芋頭就偏長；肉質上，香芋是介乎薯類與栗子之間。

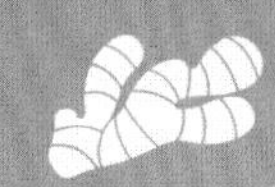

粵 普

番薯
Sweet Potato

番薯又名「地瓜」，為旋花科番薯屬的草本植物，原產於中美洲墨西哥。形狀呈圓形、瘦長或細小；外皮粗糙，果實飽滿，肉質甜嫩，並可依外皮顏色分為黃肉、橙肉、紫肉、白肉等。

不同品種的番薯營養成分略有分別，黃薯和橙薯的胡蘿蔔素最多、紫薯富含花青素、白薯的澱粉質較高等。番薯熱量低，營養價值高又含豐富膳食纖維，曾被世界衞生組織列為十大最佳蔬果之一。

分類	蔬菜－根莖類 
小知識	吃番薯後，當中纖維不僅會刺激腸道蠕動，還會中和體內的酸性物質；加上番薯屬高澱粉類，較容易「產氣」，其在腸道消化時，會產生氣體，導致放屁，而適當放屁是健康的表現。

薑
Ginger

薑是一種薑科薑屬植物，原產於印度，是常見的煮食輔料。薑的藥用價值廣泛，是具暖胃、散寒等功效的中藥材。

薑的根莖生有節間，外形大多飽滿；薑皮光滑，內部呈黃白色，具有刺激性的芳香。薑的種類可按生長階段分為：子薑、生薑、老薑等，子薑新鮮帶嫩芽，有淡黃色的外皮，水分足；生薑的外皮呈土黃色，味道辛辣；老薑的外皮偏皺，呈土灰色，薑肉已纖維化。

分類	蔬菜－根莖類 
小知識	雖然薑和薑黃同屬薑科，但兩者其實是不一樣的植物。薑的外觀肥厚，薑肉呈橘黃色；含薑辣素，有助刺激血液循環。薑黃的體形較小，切開呈深橘黃色；含有抗炎、抗氧化作用的薑黃素。

粵 普

蘆筍
Asparagus

蘆筍是一種源自歐洲的蔬菜，為天門冬屬多年生開花草本植物，盛產於 4 至 11 月。蘆筍形狀挺直，頂端呈尖狀；外皮翠綠有光澤，嫩芽有小葉如鱗片，莖部較粗。

綠蘆筍是最常見的品種，纖維、維他命 A 和 C 的含量較高；另有白和紫之分。白蘆筍是在泥土裏收割，沒有被陽光照耀，表面呈白色；而紫蘆筍則含有花青素，味道清甜，其頂部是紫色的，尾部為白色。

分類	蔬菜－根莖類 
小知識	蘆筍含有「蘆筍酸」這種化學物質，經體內分解後，會產生具異味的含硫物。在吃過蘆筍數十分鐘後，排出的是難聞的「蘆筍尿」。食用前切掉蘆筍尖端，可減怪味，因那兒的化合物最多。

蓮藕
Lotus Root

蓮藕是睡蓮科植物蓮花的根莖，生於泥土，源自中國，產季在秋天。外型為圓柱狀，外皮呈褐黃或米白色；內部有許多小孔（氣孔），可給生長在水中的蓮藕保持氧氣的暢通。

蓮藕富含澱粉質，切開有拉絲，口感清脆，略帶微甜。品種可按氣孔數目分「七孔」和「九孔」，前者藕身粗短，較高澱粉質，適合燉湯；後者藕身細長，水分多，適合涼拌。

分類	蔬菜－根莖類 
小知識	蓮藕和茄子相似，切開後接觸了空氣，會氧化而變黑；我們可以把切開的蓮藕浸在水中，隔絕氧氣。此外，使用不適當的廚具也會令蓮藕變色，例如鐵鍋中的鐵離子會令蓮藕變色，宜避免用鐵質廚具。

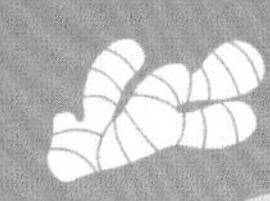

紅菜頭
Beetroot

紅菜頭又稱「甜菜頭」，是根莖類蔬菜，整棵都是紫紅色，原產於地中海沿岸。

紅菜頭主要食用部位是球形的肉質根，肉質紫紅色，味道清甜；莖和葉也可食用，味帶青澀，但所含的鉀、鎂、鐵質卻比菜頭高。紅菜頭品種還有白色和金色菜頭，營養價值則以紅菜頭所含的天然抗氧化物「甜菜鹼」最高，幫助攝取維他命 E，具有雙重抗氧化功效，故有「歐洲靈芝」的美譽。

分類	蔬菜－根莖類 
小知識	紅菜頭有高含量的硝酸鹽，每 100 克紅菜頭含有 300 毫克硝酸鹽，是西芹的兩倍、生菜的三倍。硝酸鹽是天然的血管擴張劑，有助改善血液循環，但攝取過量或會造成腎結石。

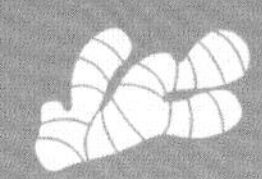

粵 普

大蒜
Garlic

大蒜為百合科蔥屬植物，原產中亞地區，是廚房必備的調味食材配料。大蒜呈扁球形，外覆白色或淡棕色且乾燥的薄膜；內裏是食用部分，由多個硬硬的蒜瓣組成，蒜瓣為扁平狀，每個蒜瓣都有薄皮覆蓋，蒜瓣包圍着的中央就是蒜心。

大蒜含大蒜辣素，帶有強烈的辛辣氣味，吃後口腔會有異味，但它具有殺菌、抗發炎、促進新陳代謝等功效。

分類	蔬菜－根莖類 
小知識	熱炒或爆香是煮大蒜的普遍做法，但其實大蒜在生吃時才能發揮最大效益，因為大蒜經加熱、煮熟後，其大蒜素會被破壞，營養價值大大減低，因此建議將大蒜切碎生吃較佳。

葉菜類、花菜類、菇菌類
Leafy Greens, Cruciferous Vegetables and Mushrooms

小朋友，試想一下蔬菜的身體可以怎樣區分呢？蔬菜可以分為根、莖、葉和花等部位。當中，葉菜類的葉片和花菜類的花莖是主要的食用部位。葉菜類以碧綠色的葉片為一大特點，如菜心、生菜等；花菜類普遍屬十字花科，如西蘭花、椰菜花等。至於菇菌類也是營養豐富的植物，多形如傘狀，低熱量又低脂，如冬菇和蘑菇，也是常用食材。

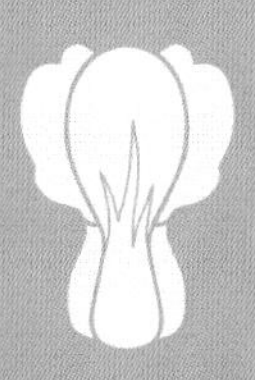

生菜
Lettuce

生菜，又名萵苣，是菊科萵苣屬的蔬菜，種類繁多，葉子的形狀、顏色各異，分為結球形、半結球形和不結球形三種。生菜的含水量高，口感脆爽，以其新鮮嫩葉供食用，盛產於秋冬季。

常見的西生菜屬結球形，外表翠綠光鮮；葉片寬大平滑，水分充足，切開見葉片留空隙；味道清甜爽脆，生食或熟食均可，分為青綠色和紅色兩種。而羅馬生菜的特點是葉片狹長，口感清脆，是常用於沙律的蔬菜。

分類	蔬菜－葉菜類 
小知識	為什麼西生菜是較少蟲蛀的蔬菜呢？因為它是一種葉用萵苣，莖葉中的萵苣素帶有微苦味，害蟲不喜歡。加上，冬季收成的菜較少受蟲害影響，寒冷氣溫下會凍死蟲子，但煮吃前謹記清洗乾淨。

白菜
Pak Choi

白菜是十字花科蕓薹屬的一種植物，產自中國，以柔嫩的葉球、蓮座葉或花莖供食用。

白菜種類多，常見的小白菜，葉色深綠，莖白色，清甜爽脆；天津大白菜又名「紹菜」、「黃芽白」，長圓柱形、葉較薄、甘甜少渣；鶴藪白菜（本地培育品種）身肥葉厚，菜梗短闊，味鮮甜；小棠菜小巧飽滿，甘甜微苦。白菜富含多種礦物質、維他命 C 和 K 等營養。

分類	蔬菜－葉菜類 
小知識	白菜的菜葉上有時會有像芝麻般的小黑點，以為是髒東西，但怎也洗不掉。其實黑點是白菜中的養分「多酚」接觸到空氣而出現，它們對白菜本身的營養並沒有影響，可以安心食用。

菜心
Choi Sum

菜心是本地最受歡迎的蔬菜之一，屬十字花科植物，源自中國南部，盛產於冬季。菜心的葉和莖都可食用，葉菜呈深綠色，寬而薄；莖部呈青色，長而細嫩，上端長有嫩葉和小黃花。

菜心是白菜的變種，富含鈣、鐵及多種維他命等營養。綠菜心是最常見及產量最多的；紫菜心的莖部為紫色，含大量花青素；還有一種叫「遲菜心」，較一般菜心大棵及甘甜。

分類	蔬菜－葉菜類 
小知識	遲菜心除了味道清甜，還特別長，普遍高 40 厘米，故又叫「高腳菜心」。遲菜心是廣東增城出名的蔬菜，由於它一年一造，立冬前才種植，比其他菜心的收成遲，此乃名「遲」的原因。

椰菜
Cabbage

椰菜又稱「高麗菜」、「捲心菜」，屬十字花科植物，是甘藍的一個變種，原產自地中海沿岸，盛產於 12 月至 4 月。

椰菜貌似球狀，質感結實；最外層的菜葉較厚，與內層的菜葉互相包裹；表面乾脆，色澤綠中帶白。青椰菜是最常見的品種，另有含花青素的紫椰菜、葉呈皺形的皺葉椰菜等，各品種均含多種維他命和礦物質，具抗氧化功效。

分類	蔬菜－花菜類 
小知識	與椰菜同屬十字花科的小椰菜（抱子甘藍），外貌像迷你版的椰菜，但它其實是獨立的變種。營養豐富，蛋白質含量比椰菜多一倍。不過，味道苦澀，帶有青草味，採用高溫烤焗，可減輕苦味。

西蘭花
Broccoli

西蘭花是甘藍栽培變種而來的，起源於地中海一帶。在氣候溫和至涼爽的環境生長，種植期約為 2 至 5 個月，盛產於冬季。西蘭花屬於花菜類蔬菜，外形就像一束棒花，呈扁球狀，由多個密集的小花球組成，其花蕾及莖部均可食用。

西蘭花的花蕾是深綠色的，含有豐富的維他命 A 和 C，有助眼睛健康。深綠色的蔬菜富含葉綠素及礦物質，例如鐵質、鈣質和葉酸等，幫助我們增強免疫系統，對血球健康很重要，也是人體成長的重要營養素。

分類	蔬菜－花菜類 
小知識	西蘭花和椰菜均屬花菜類蔬菜，在密集的花蕾上容易藏有泥塵和小蟲。因此，在烹煮花菜類前，要注意仔細清洗。我們可以先把花蕾分切成小株，並用水充分沖洗，並加鹽水浸泡，徹底洗淨。

椰菜花
Cauliflower

椰菜花又名花椰菜、白花菜。椰菜花跟西蘭花的外形相似，都是呈球形。椰菜花的花球生長整齊、緊密被包裹在外葉中，花球普遍呈白色，也有綠色、橙色或紫色的，食用部分的粗纖維比西蘭花少。

椰菜花的營養豐富，含有蛋白質、脂肪、碳水化合物、食物纖維、多種營養素及礦物質。椰菜花的含鈣量高，兒童常吃椰菜花，可促進生長、維持牙齒及骨骼正常、保護視力、提高記憶力。

分類	蔬菜－花菜類
小知識	椰菜花和西蘭花的營養價值高，有助維持血管健康，增強免疫力。而椰菜花含有高纖維、熱量低，具飽足感，人們也會把它煮成「椰菜花米」，以減少進食米飯的分量。

西芹
Celery

西芹又稱「芹菜」，為傘形科芹屬草本植物，原產於地中海沿岸的沼澤地帶，盛產於春天。

西芹的色澤鮮綠，莖部呈圓形，內側微向內凹；葉柄特別粗壯硬挺，帶有芳香氣味；頂部為羽狀小葉，根部則較纖小。葉柄是主要食用部分，口感爽脆，清甜多汁；西芹葉也可食用，雖帶點苦味，但其營養價值卻遠高於莖，含有多種維他命和豐富的礦物質。

分類	蔬菜－莖葉類
小知識	西芹葉柄含豐富纖維，質地厚實；煮食前宜去筋（纖維絲），吃起來便不會有渣。可以用刮皮刀把西芹表面的筋刮掉，或用手從尾部撕去，然後將西芹輕切幾刀，把露出來的筋除去。

粵 普

蘑菇
Mushroom

蘑菇又名「洋蘑菇」，是蘑菇科蘑菇屬的真菌；生長在土壤中，亦是人工栽培較廣泛、產量較高的食用菌品種。

蘑菇外觀呈傘狀，肉身肥厚，一般呈棕色或乳白色。蘑菇是由菌蓋、菌褶、菌柄、菌絲、孢子這五部分的結構組成。在各品種中，以棕色蘑菇和白蘑菇最常見，前者菇味濃郁，後者菇味較淡，兩者均含有維他命、礦物質和抗氧化功效。

分類	蔬菜－菇菌類 
小知識	蘑菇本身含有大量水分，在烹煮之前，不要浸水或用水清洗，以免它吸入過多水分，這不僅令菇味大打折扣，營養還會流失。建議用濕布或廚房紙抹去蘑菇表面的污泥，可保留風味。

冬菇
Shiitake Mushroom

冬菇又名「香菇」，為小皮傘科香菇屬，是最常見的食用菇菌之一，產自中國和日本，秋季盛產。冬菇一般生長在樹木上，成熟後就被採摘。

冬菇有鮮、乾之分，鮮冬菇呈白色至淺棕色，水分較重，肉身較嫩；乾冬菇呈深棕色至黑色，肉質厚實及有嚼勁。鮮冬菇經日曬後，外皮會出現龜裂的白花紋；花紋越多，越為珍貴，所以花菇的價格較高。

分類	蔬菜－菇菌類
小知識	比起鮮冬菇，乾冬菇帶有濃郁的香菇味，主要原因是鮮冬菇經日照曬乾後，冬菇內的酵素便會起化學作用，將部分物質變成香精；而乾冬菇所含的維他命 D 也特別多，有助強化骨骼。

新雅小百科系列
蔬菜水果

編　　寫：新雅編輯室
責任編輯：胡頌茵
美術設計：郭中文
出　　版：新雅文化事業有限公司
香港英皇道 499 號北角工業大廈 18 樓
電話：(852) 2138 7998
傳真：(852) 2597 4003
網址：http://www.sunya.com.hk
電郵：marketing@sunya.com.hk
發　　行：香港聯合書刊物流有限公司
香港荃灣德士古道 220-248 號荃灣工業中心 16 樓
電話：(852) 2150 2100
傳真：(852) 2407 3062
電郵：info@suplogistics.com.hk
印　　刷：中華商務彩色印刷有限公司
香港新界大埔汀麗路 36 號
版　　次：二〇二四年六月初版

ISBN: 978-962-08-8363-7

18/F, North Point Industrial Building, 499 King's Road, Hong Kong
Published in Hong Kong SAR, China
Printed in China

鳴謝：
本書照片由 Dreamstime 及 Shutterstock 授權許可使用。